天藍色的咖啡廳
Recipe

冰淇淋蘇打職人／
「旅する喫茶」店主

tsunekawa 著

瑞昇文化

前言
Prologue

想要稍微喘口氣、讓自己放鬆的時候，
我就會享受居家咖啡廳情境的樂趣。
製作冰淇淋蘇打與甜點，
準備好喜歡的器皿，接著擺設餐桌。

無論是無法外出的雨天，
還是因忙碌而抽不開身的日子，
只要花費一點小工夫和時間，
就能出色地讓習以爲常的房間
變化成讓我們心情愉悅的場所。

這本書集結了推薦各位在居家咖啡廳情境中
品嚐的冰淇淋蘇打與甜點的食譜。

稍微有些疲憊的時候、搜索枯腸的時候、
工作或讀書的空檔、想要犒賞自己的時候、
以及想和重要的人一起度過的時光……

在最讓能讓人放鬆的空間,
被喜愛的事物給圍繞著,然後享用美味的餐食。
因為是待在自己的家裡,所以
更能徜徉於幸福之中。

Contents

Chapter 4
花 *Flower*

Chapter 5
水果 *Fruits*

Chapter 6
特別的日子 *Special day*

製作前的預備知識

將冰塊滿滿地填入

請盡可能將冰塊填滿玻璃杯。如果冰塊不填得滿一點，放上冰淇淋的時候就容易下沉，導致外觀塌陷。

攪拌、倒入的動作要輕

攪拌糖漿和氣泡水或是倒進玻璃杯的時候，請留意不要溢出泡泡、緩緩地倒進去。

搖晃杯子使其混合

如果用手腕有節奏地輕輕搖晃的話，就能混合出美麗的漸層色。

冰淇淋勺預先溫熱

如果預先將冰淇淋勺用微溫的水溫熱後再使用的話，就能挖出漂亮的形狀。

● 冰淇淋蘇打會因為玻璃杯的尺寸不同讓分量有所變化，所以本書標記的是較多的分量。

● 1大匙=15㎖（15cc）、1小匙=5㎖（5cc）。

● 微波爐的加熱時間是使用600W款式時的基準。

● 關於「清洗」、「去皮」、「去果核」等基本的事前處理作業在食譜中都予以省略。

● 食譜標記的是大概的基準分量和調理時間，依據食材和調理用具的不同可能會產生差異，請觀察實際的調製情況去進行增減調整。

● 用具請徹底清潔擦拭後再使用。如果沾附水分或油脂的話就會讓食材被分離，成為破壞風味的原因。

● 關於糖漿的保存期限，是將容器煮沸消毒並使用乾淨用具、顧慮衛生條件等情況下的基準。根據保存狀況的不同會出現變化，還請務必留意。

Chapter **1** am 06:00
〜
am 00:00

當朝陽升起時，
黎明前的藍色便與溫暖的陽光
相互交融在一起。

*am06:00*的
冰淇淋蘇打

Dawning first light

材料（1杯的量）

〈橙色蘇打〉
紅色糖漿 ·········· 17.5ml（3又½小匙）
黃色糖漿 ············ 2.5ml（½小匙）
氣泡水 ······························ 40ml

〈藍色蘇打〉
紅色糖漿 ·········· 12.5ml（2又½小匙）
藍色糖漿 ············ 7.5ml（1又½小匙）
氣泡水 ····························· 120ml

冰塊 ······························· 適量
香草冰淇淋 ······················· 適量
櫻桃 ······························· 1顆

製作方法

1 將橙色蘇打、藍色蘇打的材料
倒進不同的量杯，輕輕攪拌混
合。

2 將橙色蘇打倒進玻璃杯，輕輕
地放入冰塊。

3 緩緩地倒入藍色蘇打。

4 擺上香草冰淇淋，用櫻桃裝飾
點綴。

我們凝視著虛幻的夢境。

那是一場透明，又帶有淡淡色彩的夢。

*pm04:00*的
冰淇淋蘇打

Daydream

材料（1 杯的量）

〈水藍色蘇打〉
透明糖漿 ························ 15㎖
藍色糖漿 ························ 5㎖
氣泡水 ·························· 30㎖

〈透明蘇打〉
透明糖漿 ························ 20㎖
氣泡水 ·························· 130㎖

冰塊 ···························· 適量
鮮奶油 ·························· 適量
櫻桃 ···························· 1顆

製作方法

1 將水藍色蘇打、透明蘇打的材料倒進不同的量杯，輕輕攪拌混合。

2 將水藍色蘇打倒進玻璃杯，輕輕地放入冰塊。

3 緩緩地倒入透明蘇打。

4 擠上鮮奶油，用櫻桃裝飾點綴。

太陽西斜，

染上一片淡紫色的天空，

在玻璃杯中溶化了。

pm 05:00 的
冰淇淋蘇打

Sunset

材料（1 杯的量）

〈淡紫色糖漿〉
紅色糖漿 ·· 7.5㎖（1又½小匙）
藍色糖漿 ——— 2.5㎖（½小匙）
透明糖漿 ················· 30㎖

氣泡水 ——————— 160㎖
冰塊 ——————————— 適量
香草冰淇淋 ——————— 適量
薄荷 ——————————— 適量

製作方法

1　將淡紫色糖漿的材料和氣泡水
　　倒進量杯，輕輕攪拌混合。

2　將冰塊輕輕地放進玻璃杯。

3　緩緩地倒入 *1* 的氣泡水。

4　擺上香草冰淇淋，用薄荷裝飾
　　點綴。

夜幕低垂的時間即將來臨。
暗紅色的天空也染上了一片藍色，
以迎接夜晚的到來。

*pm06:30*的
冰淇淋蘇打

After dark

材料（1杯的量）

〈紫色蘇打〉
紅色糖漿 ································· 15㎖
藍色糖漿 ··································· 5㎖
氣泡水 ····································· 30㎖

〈藍色蘇打〉
藍色糖漿 ································· 10㎖
紅色糖漿 ································· 10㎖
氣泡水 ··································· 130㎖

冰塊 ··· 適量
香草冰淇淋 ···························· 適量
櫻桃 ··· 1顆

製作方法

1 將紫色蘇打、藍色蘇打的材料
倒進不同的量杯，輕輕攪拌混
合。

2 將紫色蘇打倒進玻璃杯，輕輕
地放入冰塊。

3 緩緩地倒入藍色蘇打。

4 擺上香草冰淇淋，用櫻桃裝飾
點綴。

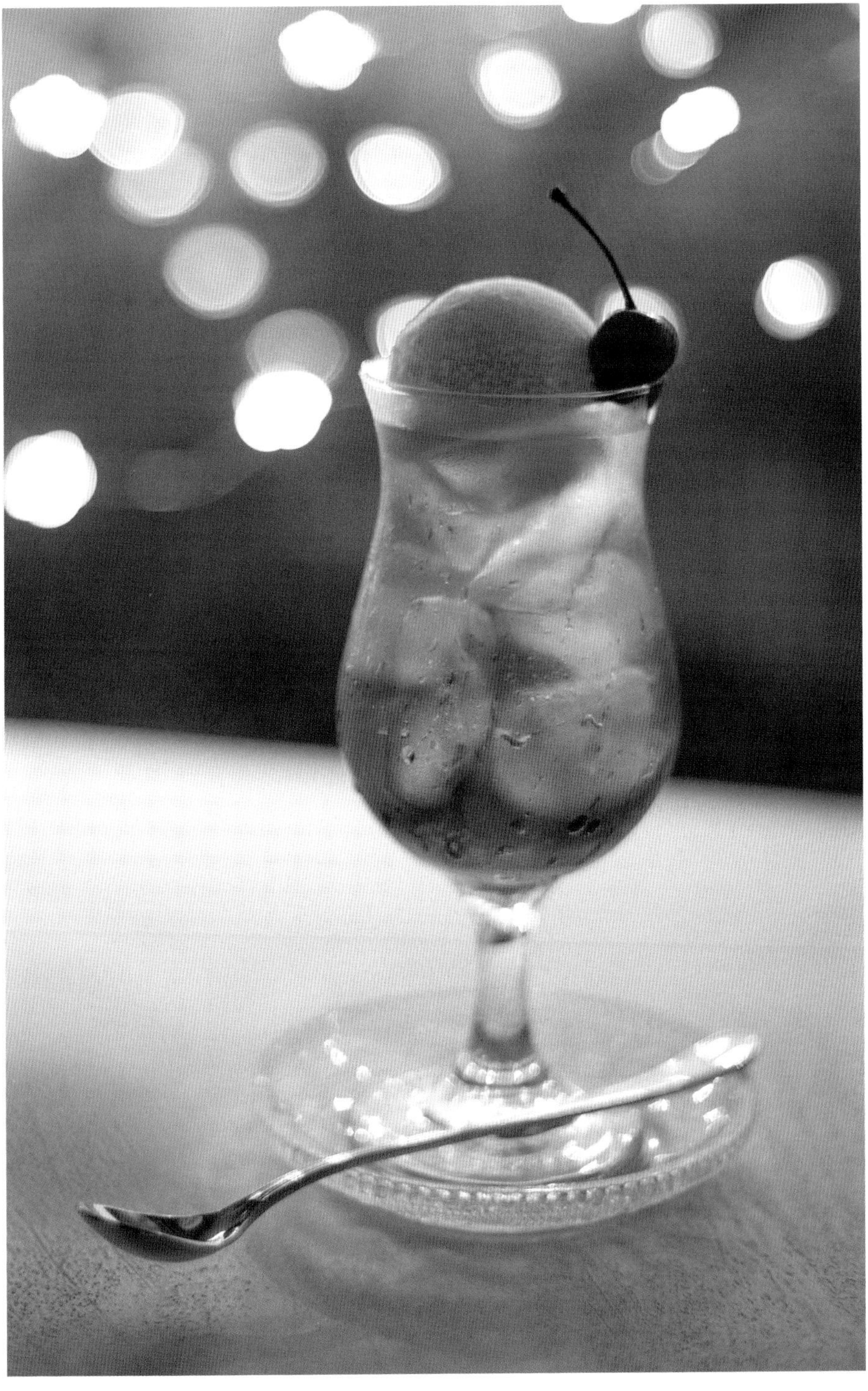

在黑暗之中眺望月亮。
彷彿是某個人在那裡遺落了藍色，
讓深邃的藍在沒有色彩的世界中誕生了。

am 00:00 的
冰淇淋蘇打

Midnight

材料（1杯的量）

〈深藍色糖漿〉

藍色糖漿	35mℓ
紅石榴糖漿	5mℓ
竹炭粉（食用性）	0.05g

氣泡水	160mℓ
冰塊	適量
香草冰淇淋	適量
薄荷	適量

製作方法

1 將深藍色糖漿的材料和氣泡水
倒進量杯，輕輕攪拌混合。

2 將冰塊輕輕地放進玻璃杯。

3 緩緩地倒入 *1* 的氣泡水。

4 擺上香草冰淇淋，用薄荷裝飾
點綴。

Memo

只要放入一點點竹炭粉，就能呈
現出深夜的顏色。如果想在不使
用竹炭粉的情況下調製的話，請
修正藍色糖漿和紅石榴糖漿的
分量比例，調整出喜歡的深藍色
吧。

關於道具

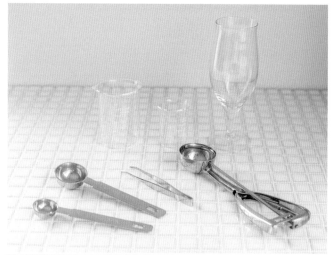

關於糖漿，我偏好選用一整年都方便添購的明治屋出品的產品。

調製冰淇淋蘇打的時候，只有量杯、量匙、冰淇淋勺、玻璃杯是必備的器具。

建議大家準備不同尺寸的量杯和量匙。如果有可以量測到1ml單位的量匙會更加方便。

冰淇淋勺請配合玻璃杯的口徑來挑選。如果裝飾用櫻桃要擺在冰淇淋旁邊的話就選擇比口徑小1cm的款式、要擺在冰淇淋上面點綴的話就選擇比口徑小0.5cm左右的款式會比較洽當。

本書使用的是400ml左右的玻璃杯，但是各位如果希望選用自己喜歡的款式也沒有問題，只要配合尺寸去調整分量就可以了。

此外，因為裝飾點綴是比較精細的作業，所以我會使用鑷子來進行。

但享受過程比什麼都還更加重要。要是沒有冰淇淋勺的話就改用湯匙、沒有微調糖漿的量匙的話就調製成自己喜歡的顏色就好。如果大家都能在製作冰淇淋蘇打的過程中享受讓內心悸動的時光，那就太棒了。

2

大海與天空

Sea & Sky

翠玉之海的
冰淇淋蘇打

Emerald green sea

將自己委身於寧靜的大海，
就會發現一個翠玉色的世界。
從海底溢出的氣泡，
就像是蘇打裡的氣泡。

材料（1杯的量）

〈翠玉色糖漿〉
透明糖漿
············ 34㎖（略多於6又¾小匙）
藍色糖漿 ···································· 5㎖
綠色糖漿 ······· 1㎖（略少於¼小匙）

氣泡水 ························· 160㎖
冰塊 ································ 適量
香草冰淇淋 ··················· 適量
櫻桃 ······························· 1顆

製作方法

1　將翠玉色糖漿的材料和氣泡水倒進量杯，輕輕攪拌混合。

2　將冰塊輕輕地放進玻璃杯。

3　緩緩地倒入 1 的氣泡水。

4　擺上香草冰淇淋，用櫻桃裝飾點綴。

Memo

材料出現需要1㎖的分量時，準備1㎖的量匙會讓作業更方便。如果沒有的話，不妨調整材料的分量、調製出自己喜歡的顏色。

我身處的世界，
原本映入眼簾的皆是毫無色彩之物，但不知在何時
像是被冰淇淋蘇打施展了魔法般、漫出了色彩。

魔法糖漿的
冰淇淋蘇打

Magic syrup

材料（1杯的量）

〈橙色糖漿〉
黃色糖漿 ⋯⋯⋯⋯⋯ 10㎖
紅色糖漿 ⋯⋯⋯⋯⋯ 10㎖

〈黃色蘇打〉
黃色糖漿 ⋯⋯⋯⋯⋯ 5㎖
氣泡水 ⋯⋯⋯⋯⋯ 10㎖

〈水藍色蘇打〉
透明糖漿 ⋯⋯⋯⋯⋯ 10㎖
藍色糖漿 ⋯⋯⋯⋯⋯ 10㎖
氣泡水 ⋯⋯⋯⋯⋯ 80㎖

冰塊 ⋯⋯⋯⋯⋯ 適量
香草冰淇淋 ⋯⋯⋯⋯ 適量
薄荷 ⋯⋯⋯⋯⋯ 適量

Memo

這個品項的食譜使用的
是300㎖左右的小型玻
璃杯。請各位配合使用
杯子的尺寸來調整糖漿
的分量。

製作方法

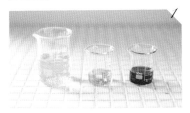

將橙色糖漿、黃色蘇打、水藍色蘇打
的材料倒進不同的量杯，輕輕攪拌混
合。

將橙色糖漿倒進玻璃杯，輕輕地放入
冰塊到達半杯的高度。

緩緩地倒入黃色蘇打。

將剩餘的冰塊輕輕地放進玻璃杯。

緩緩地倒入水藍色蘇打。不要只從一
個地方倒進去，請一邊觀察顏色的混
合狀態、一邊改變倒入的位置。

擺上香草冰淇淋，用薄荷裝飾點綴。

深海的冰淇淋蘇打

Deep sea

玻璃杯裡面有個小小的宇宙，

或者可說是世界上最深的場所。

在深邃的黑暗之中，氣泡就像是星體那樣邊發出聲響邊綻放。

材料（1杯的量）

〈深海糖漿〉

紅色糖漿	30㎖
藍色糖漿	10㎖

氣泡水	160㎖
冰塊	適量
香草冰淇淋	適量
櫻桃	1顆

製作方法

1 將深海糖漿的材料和氣泡水倒進量杯，輕輕攪拌混合。

2 將冰塊輕輕地放進玻璃杯。

3 緩緩地倒入 *1* 的氣泡水。

4 擺上香草冰淇淋，用櫻桃裝飾點綴。

適逢憂鬱的雨天，

就會讓人想調一杯冰淇淋蘇打。

希望至少能在玻璃杯裡頭

注入一點晴朗的日子。

雨色與晴天的冰淇淋蘇打

Rain & Sunny

材料（1杯的量）

〈雨色蘇打〉
藍色糖漿⋯⋯⋯⋯⋯⋯⋯38mℓ
　　　　（略少於7又⅔小匙）
綠色糖漿
⋯⋯⋯⋯2mℓ（略多於⅓小匙）
氣泡水⋯⋯⋯⋯⋯⋯⋯160mℓ

〈晴天蘇打〉
藍色糖漿⋯⋯⋯⋯⋯⋯40mℓ
氣泡水⋯⋯⋯⋯⋯⋯⋯160mℓ

冰塊⋯⋯⋯⋯⋯⋯⋯⋯適量
香草冰淇淋⋯⋯⋯⋯⋯適量
鮮奶油⋯⋯⋯⋯⋯⋯⋯適量
櫻桃⋯⋯⋯⋯⋯⋯⋯⋯1顆
薄荷⋯⋯⋯⋯⋯⋯⋯⋯適量

製作方法

1 將雨色蘇打和晴天蘇打的材料
　　倒進不同的量杯，輕輕攪拌混
　　合。

2 將冰塊輕輕地放進兩個玻璃
　　杯。

3 緩緩地將 *1* 的雨色蘇打和晴天
　　蘇打各自倒進一個玻璃杯。

4 擺上香草冰淇淋，再擠上鮮奶
　　油，最後用櫻桃和薄荷裝飾點
　　綴。

極光的果凍

Aurora jelly

據說它能帶來破曉與希望。
將其充滿幻想性又神祕的光輝，
靜靜地封存在玻璃杯之中。

材料（3人份）

A	寒天粉	3g
	水	450㎖

〈綠色糖漿〉
綠色糖漿 ⋯⋯⋯⋯⋯⋯⋯ 30㎖

〈黃綠色糖漿〉
黃色糖漿 ⋯⋯⋯⋯⋯⋯ 20㎖
綠色糖漿 ⋯⋯⋯⋯⋯⋯ 10㎖

〈紫色糖漿〉
紅色糖漿 ⋯⋯⋯⋯⋯⋯ 25㎖
藍色糖漿 ⋯⋯⋯⋯⋯⋯⋯ 5㎖

製作方法

1 將A放進小鍋子，開中火，慢慢地攪拌混合，直到煮沸。

2 轉極小火，繼續攪拌混合、熬煮1～2分鐘，直到呈現透明感。

3 將熬煮後的A分成3等分倒進3個調理盤，接著各自倒入綠色糖漿、黃綠色糖漿、紫色糖漿，攪拌混合。

4 待餘熱散去後，放進冰箱冷藏2個小時，使其冷卻凝固。

5 用叉子將果凍壓成較為細碎的小塊。

6 觀察顏色的平衡度，用湯匙將3種顏色的果凍放進玻璃杯。

不要弄得太細碎，攪開時請記得保留一些口感。

傾斜玻璃杯，用湯匙隨機將三種顏色的果凍放進去。

夜空的生起司蛋糕

Night sky cheesecake

在看不到星星的夜裡，
起司蛋糕上的小小天空中，
浮現出散落各處的滿天星斗。

材料（直徑18cm、無底類型的圓形模具1個的量）

※如果是直徑10cm的模具就是2個的量、
直徑6cm的模具就是6個的量。

〈基底〉
喜歡的餅乾 ······················ 80g
奶油 ······························· 30g

〈蛋糕體〉
A | 吉利丁粉 ····················· 10g
   | 水 ························· 4大匙

B | 生奶油 ····················· 200mℓ
   | 砂糖 ·························· 70g

奶油起司（恢復至常溫）
   ······························· 200g

C | 原味優格 ····················· 100g
   | 檸檬汁 ······················ 1大匙

香草精 ···························· 適量

〈夜空果凍〉
吉利丁粉 ···························· 5g
熱水 ····························· 100mℓ

D | 藍色糖漿 ······················ 25mℓ
   | 紅色糖漿 ······················ 25mℓ

金箔 ······························· 適量

製作方法

製作基底。將餅乾放進食品調理袋，接著以擀麵棍等器具壓成細碎狀。

將奶油放進微波爐加熱20～30秒，使其融化，接著放進 1 的食品調理袋中搓揉混合。

將烘焙紙依照模具的底部尺寸形狀裁切，鋪在裡頭，接著將 2 放入。然後用碗盤等餐具的底部按壓，使其更為緊實。

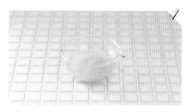

製作蛋糕體。將A的吉利丁粉放入水中，使其吸水膨脹。

將B放進調理碗，用攪拌器打發到8分發。

將奶油起司放進另一個調理碗，用攪拌器攪拌到呈現奶油狀為止。

將C、5 的生奶油（分2～3次放入）、香草精依序放進 6 的調理碗，每次都要用攪拌器確實攪拌混合。

將 4 泡發膨脹的吉利丁放進微波爐加熱30秒左右，使其融化。接著放進 7，確實攪拌混合。

Memo

從模具中取出的時候，
可以用竹籤等器具在周
圍劃過一圈，就能取出
外觀漂亮的蛋糕。

9

將蛋糕體的材料過濾3次後再倒進模
具，接著放進冰箱冷藏3小時，使其冷
卻凝固。

10

製作夜空果凍。將果凍用的吉利丁放
進熱水溶解，接著將D倒入，攪拌混
合。

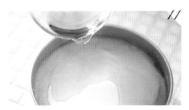

11

待餘熱散去後，均勻地淋在已經冷卻
凝固的9的表面整體，接著放進冰箱
冷藏1個小時左右，使其冷卻凝固。

12

在果凍層的表面沾上一點水，接著用
湯匙將金箔均勻地撒在上面。

也推薦各位改用玻璃杯為容器製作。

Chapter 3 閃
耀

Glitter

刨冰糖漿蕨餅

Colorful dumpling

漂浮的寶石就像是能讓人回憶起
孩提時代的閃耀彈珠。
注入碳酸飲料，
傾聽躍動的夏日腳步聲。

材料（2～3人份）

蕨餅 ·················· 1包（200g）
糖漿（3種喜歡的顏色）
················· 各適量
碳酸飲料 ·················· 適量

製作方法

1 將蕨餅分成3等分倒進3個小型容器。

2 各自倒入喜歡顏色的糖漿，接著放進冰箱冷藏半天，直到蕨餅確實上色。

3 觀察顏色的平衡度，將3種顏色的蕨餅放進容器，最後倒入碳酸飲料。

本範例使用了3種顏色，大家可以盡量嘗試用自己偏愛的顏色製作。

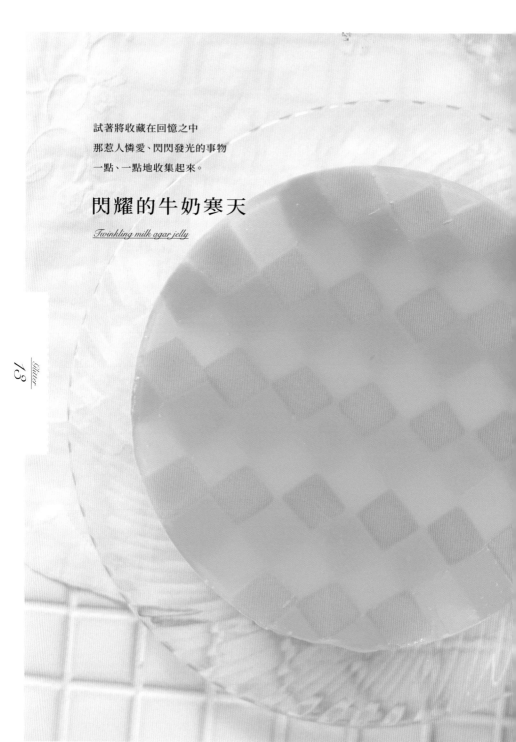

試著將收藏在回憶之中
那惹人憐愛、閃閃發光的事物
一點、一點地收集起來。

閃耀的牛奶寒天

Twinkling milk agar jelly

材料（直徑15cm、無底類型的圓形模具1個的量）

A | 細砂糖 ———————————————————— 60g
  | 水 ——————————————————————— 150㎖

寒天粉 ——————————————————————— 4g
牛奶（恢復至常溫）————————————————— 300㎖

B | 細砂糖 ———————————————————— 60g
  | 水 ——————————————————————— 450㎖

寒天粉 ——————————————————————— 4g
藍色糖漿、綠色糖漿、紅色糖漿 ——————— 各20㎖

C | 寒天粉 ———————————————————— 1g
  | 水 ——————————————————————— 100㎖

檸檬汁——————————————————————— ½小匙

製作方法

將A放進小鍋子,開中火,慢慢地攪拌混合,直到煮沸。

轉極小火,接著放入寒天粉繼續攪拌混合、熬煮1～2分鐘,直到呈現透明感後關火。

加入牛奶,攪拌混合,接著倒進模具。待餘熱散去後,放進冰箱冷藏2小時左右,使其冷卻凝固。

將B放進小鍋子,開中火,慢慢地攪拌混合,直到煮沸。

轉極小火,接著放入寒天粉繼續攪拌混合、熬煮1～2分鐘,直到呈現透明感。

分成3等分倒進3個量杯,接著各自倒入藍色糖漿、綠色糖漿、紅色糖漿,輕輕攪拌混合。

倒進豆腐成型器之類的容器,待餘熱散去後,放進冰箱冷藏2小時,使其冷卻凝固。

將7從容器中取出,分切成1.5cm大小的小塊。

Memo

從模具中取出的時候，可以用竹籤等器具在周圍劃過一圈，就能取出外觀漂亮的寒天。

9

觀察顏色的平衡度，將3種顏色的寒天鋪在3的牛奶寒天上。靠近邊緣的縫隙部分就將寒天切成三角形來填補。

10

將C依照步驟 4～5 的方式熬煮，接著加入檸檬汁。放涼冷卻到55～60°C以後就淋在 9 上面，最後放進冰箱冷藏2小時左右，使其冷卻凝固。

於午後閃耀的林隙光。

將挖取下來的夏日起始

含入口中之後，隨即就融化消失了。

水果九龍球

Fruit jelly ball

材料（2～3人份）

A｜ 砂糖 ·············· 20g
　｜ 洋菜粉 ··········· 5g
　｜ 水 ············· 200㎖

檸檬汁·············· 1又½小匙
水果罐頭（自己喜歡的即可）
　················· 適量
碳酸飲料 ············ 適量
薄荷 ··············· 適量

製作方法

1　將A放進小鍋子，開中火，慢慢
　地攪拌混合，直到煮沸。

2　關火，加入檸檬汁，攪拌混合。

3　倒進圓形的矽膠製模具，每格
　放入1塊水果。

4　待餘熱散去後，放進冰箱冷藏
　3小時左右，使其冷卻凝固。

5　從模具中取出，放進容器，接
　著緩緩地倒入碳酸飲料，最後
　用薄荷裝飾點綴。

本範例使用了直徑4cm的製冰盒。不是
做成球體，而是半球體。

抹上紅色的一杯飲品，
讓尚未滿足的心靈
染上溫柔的顏色。

紅寶石的
冰淇淋蘇打

Ruby

材料（1杯的量）

〈紅寶石糖漿〉
紅色糖漿 ·············· 37.5㎖（7又½小匙）
藍色糖漿 ·············· 2.5㎖（½小匙）

氣泡水 ························· 160㎖
冰塊 ·························· 適量
香草冰淇淋 ··················· 適量
櫻桃 ·························· 1顆
薄荷 ·························· 適量

製作方法

1 　將紅寶石糖漿的材料和氣泡水倒
　　進量杯，輕輕攪拌混合。

2 　將冰塊放進玻璃杯。

3 　緩緩地倒入 *1* 的氣泡水。

4 　擺上香草冰淇淋，用櫻桃和薄荷
　　裝飾點綴。

玻璃杯裡面，

是個被深藍色給包圍的世界。

這是映照出夜空的寶石之名。

坦桑石的冰淇淋蘇打

Tanzanite

材料（1杯的量）

〈坦桑石糖漿〉
藍色糖漿 ·················· 20mℓ
紅色糖漿 ·················· 20mℓ

氣泡水 ·················· 160mℓ
冰塊 ·················· 適量
香草冰淇淋 ·················· 適量
櫻桃 ·················· 1顆

製作方法

1 將坦桑石糖漿的材料和氣泡水倒
進量杯，輕輕攪拌混合。

2 將冰塊放進玻璃杯。

3 緩緩地倒入 *1* 的氣泡水。

4 擺上香草冰淇淋，用櫻桃裝飾點
綴。

把多顆白淨帶透明感的小球體
放進玻璃杯中。
虛幻的光輝，
漂著漂著便溶解、消失得無影無蹤。

珍珠的
冰淇淋蘇打

Pearl

材料（1杯的量）

〈可爾必思蘇打〉
可爾必思（原液） ………… 20mℓ
氣泡水 ………………………… 30mℓ

〈透明蘇打〉
透明糖漿 ……………………… 20mℓ
檸檬汁 ………………………… ½小匙
氣泡水 ……………………… 130mℓ

香草冰淇淋 …………………… 適量
薄荷 …………………………… 適量

製作方法

1 將適量的水（分量外）倒進圓
形的矽膠製模具，製作冰
塊。

2 將可爾必思蘇打、透明蘇打
的材料倒進不同的量杯，輕
輕攪拌混合。

3 將可爾必思蘇打倒進玻璃
杯，接著輕輕地放入 *1* 的冰
塊。

4 緩緩地倒入透明蘇打。

5 擺上香草冰淇淋，用薄荷裝
飾點綴。

本範例使用了直徑2cm的製
冰盒。推薦選擇容易取出的
矽膠製品。

關於居家咖啡廳

　　無論是誰都能輕鬆地享受，就是居家咖啡廳情境的優點。即使沒有親手製作蛋糕、而是購買現成品，只要稍微講究一下、略為擺盤，就能度過幸福愉悅的時光。

　　即使是百圓商店也能找到許多很棒的器皿，如果想要再看看更多的品項，前往合羽橋道具街或是二手用具店尋寶也很有意思。我在旅行的時候，也會跑到當地的商店街查訪一下店家，有時也會因此在那裡發現雖然遍布塵埃但依舊充滿魅力的老用具。

　　其實製作桌布也很簡單，用喜歡的布料來製作看看或許會是不錯的選擇。

　　我也很推薦各位把朋友找來一同享受居家咖啡廳的樂趣。思考一下和蒞臨的客人有關的事情再進行準備，也會是一段幸福的時光。此外，各位不需要一手包辦所有的準備，我認為留下一點讓客人幫忙的留白，大家一起動手做，或是進行盛盤擺設的共同作業，相信會是很符合居家咖啡廳風格的超棒品味方式呢。

Chapter *4*

花

Flower

花之結晶的
冰淇淋蘇打

Flower crystal

花的美麗是有限、
短暫、脆弱的。
我們知曉它終究會化爲腐朽，
因此將其封印在永恆的結晶之中。

材料（1杯的量）

〈紫色糖漿〉
紅色糖漿 ································· 30㎖
藍色糖漿 ································· 10㎖

氣泡水 ···································· 160㎖
冰塊 ·· 適量
香草冰淇淋 ···························· 適量
花之結晶 ································· 適量
薄荷 ·· 適量

花之結晶

材料（容易製作的分量）

水		200ml
A	細砂糖	300g
	寒天粉	5g
食用花材		適量

製作方法

製作花的結晶。將水倒進小鍋子，開中火煮至沸騰，接著轉極小火後再加入A。

攪拌混合，熬煮1～2分鐘，直到呈現透明感後關火。

倒進調理盤，放涼冷卻到55～60℃、出現黏稠感。

食用花材泡入盛水的調理碗中清洗乾淨，接著放到廚房紙巾上吸乾水氣。

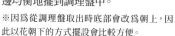

一邊用鑷子調整食用花材的形狀、一邊均衡地擺到調理盤中。
※因為從調理盤取出時底部會改為朝上，因此以花朝下的方式擺設會比較方便。

放進冰箱冷藏2小時左右。用竹籤等器具在周圍劃過一圈、從托盤中取出，接著切成喜歡的形狀。

調製冰淇淋蘇打。將紫色糖漿的材料和氣泡水倒進量杯，輕輕攪拌混合。

將冰塊放進玻璃杯。

Memo

花之結晶的風味就像是琥珀糖。
冷藏可以保存一星期左右。

緩緩地倒入 7 的氣泡水。

擺上香草冰淇淋,用花之結晶和薄荷
裝飾點綴。

染上淡淡顏色的玻璃杯。
高雅地散發出香味的，
是告知春天到來、
如夢似幻的玫瑰花。

玫瑰糖漿的
冰淇淋蘇打

Rose syrup

材料（1杯的量）

玫瑰糖漿 ················ 40㎖
氣泡水 ················ 160㎖
冰塊 ························ 適量
香草冰淇淋 ··············· 適量
薄荷 ························ 適量

製作方法

1 將玫瑰糖漿和氣泡水倒進量杯，輕輕攪拌混合。

2 將冰塊放進玻璃杯。

3 緩緩地倒入 *1* 的氣泡水。

4 擺上香草冰淇淋，用薄荷裝飾點綴。

玫瑰糖漿

材料（容易製作的分量）

玫瑰花瓣 ················ 30g

A｜ 水 ················ 300㎖
　｜ 砂糖 ················ 300g

檸檬（圓片） ··············· 3片

製作方法

1 將玫瑰花瓣用水仔細地清洗乾淨，接著瀝乾水氣。

2 將A放進小鍋子，開中火，慢慢地攪拌混合，直到煮沸。接著轉極小火，邊攪拌混合邊熬煮到砂糖完全溶化、呈現透明感後關火。

3 將 *1* 放進煮沸消毒後的耐熱密閉容器，接著放入檸檬。

4 待餘熱散去後，將 *2* 的砂糖水倒進 *3*。

5 在陰涼處靜置1天左右，最後將檸檬取出。

玫瑰糖漿冷藏可以保存一星期左右。

你抬頭仰望太陽西沉的天空。
在沒有色彩的世界裡，我凝視著櫻花。
融合、重疊，
最後世界也被深邃的顏色給包圍了。

二藍的
冰淇淋蘇打

Deep purple

材料（1杯的量）

〈藍色色素水〉
※只有藍色色素水是方便製作的分量（兩杯的量）。

水 ⋯⋯⋯⋯⋯⋯⋯⋯⋯⋯⋯⋯ 10㎖
食用色素 藍色（使用共立食品的產品）
　⋯ 0.05g（約爲產品附贈的小湯匙的一半）

櫻花糖漿（使用MONIN的產品）
　⋯⋯⋯⋯⋯⋯⋯⋯⋯⋯⋯⋯ 40㎖
氣泡水 ⋯⋯⋯⋯⋯⋯⋯⋯⋯⋯ 160㎖
冰塊 ⋯⋯⋯⋯⋯⋯⋯⋯⋯⋯ 適量
香草冰淇淋 ⋯⋯⋯⋯⋯⋯⋯ 適量

製作方法

1　混合藍色色素水的材料。

2　將櫻花糖漿、1的藍色色
　素水5㎖和氣泡水倒進量
　杯，輕輕攪拌混合。

3　將冰塊放進玻璃杯。

4　緩緩地倒入2的蘇打。

5　擺上香草冰淇淋裝飾點
　綴。

帶著水氣的夏風
從窗前呼嘯而過。
深綠色的樹林微微映照在玻璃杯上。

夏之綠的
冰淇淋蘇打

Summer green

Flower
21

材料（1杯的量）

〈夏之綠糖漿〉

※只有夏之綠糖漿是方便製作的分量（兩杯的量）。

透明糖漿 ·· 30㎖
藍色糖漿 ····················· 7.5㎖（1又½小匙）
綠色糖漿 ······················· 2.5㎖（½小匙）

氣泡水 ·· 30㎖

A｜透明糖漿 ·· 20㎖
　｜氣泡水 ·· 120㎖
　｜檸檬汁 ·· 1小匙

冰塊 ·· 適量
香草冰淇淋 ·· 適量
櫻桃 ·· 1顆

製作方法

1 混合夏之綠糖漿的材料。

2 將夏之綠糖漿20㎖和氣泡水倒進量杯，輕輕攪拌混合。

3 將A放進另一個量杯，輕輕攪拌混合。

4 將2倒進玻璃杯，接著輕輕地放入冰塊。

5 緩緩地倒入⅓左右分量的3的氣泡水，接著拿起玻璃杯，以像是畫圓的動作輕輕地旋轉，製作漸層效果。

6 倒入剩下的3的氣泡水，請注意得緩緩地倒入、不要和下方的氣泡水混合。

7 擺上香草冰淇淋，用櫻桃裝飾點綴。

金木犀的冰淇淋蘇打

Fragrant olive

收藏在心裡面的那些小小的過往回憶。
在令人懷念的淡雅香氣之中，
被忘卻的季節，也開始展開巡遊。

材料（1杯的量）

金木犀糖漿	50mℓ
氣泡水	150mℓ
冰塊	適量
香草冰淇淋	適量
櫻桃	1顆

製作方法

1 將金木犀糖漿和氣泡水倒進量杯，輕輕攪拌混合。

2 將冰塊放進玻璃杯。

3 緩緩地倒入 *1* 的氣泡水。

4 擺上香草冰淇淋，用櫻桃裝飾點綴。

金木犀糖漿

材料（容易製作的分量）

A	水	100mℓ
	砂糖	50g
	蜂蜜	50g
金木犀（乾燥）		2g
B	食用色素 紅色	
	（使用共立食品的產品）	
		0.05g
	（約爲產品附贈的小湯匙的一半）	
	食用色素 黃色	
	（使用共立食品的產品）	
		0.05g
	（約爲產品附贈的小湯匙的一半）	
	熱水	10mℓ

製作方法

1 將A放進小鍋子，開中火，慢慢地攪拌混合，直到煮沸。接著轉極小火，邊攪拌混合邊熬煮到砂糖完全溶化、呈現透明感後關火。

2 放涼冷卻到50°C左右，接著放入金木犀，攪拌混合後靜置10分鐘左右。

3 混合B的材料，使其溶解，接著將它放入 *2*，攪拌混合。

4 進行過濾，最後放進煮沸消毒後的耐熱密閉容器。

乾燥的金木犀可以在網路商店
買到。有時也會用桂花茶這個

金木犀糖漿冷藏可以保存一星
期左右。

照片的拍攝方法

　　幫冰淇淋蘇打或甜點拍攝照片也是一種樂趣。這裡想跟各位分享一下我自己的小訣竅。

　　首先推薦大家的就是減少資訊量。如果擺進小道具的話就會很難取得平衡或聚焦，只要採用以天空為背景或是擺在素色牆壁前拍攝等洗鍊的方法，就能拍出漂亮的照片。

　　拍攝冰淇淋蘇打時，不要露出冰淇淋的斷面、採取比平行還更高一點的角度拍攝是重點所在。如果冰淇淋蘇打是淡色系的話，背景就選擇淡色；較濃或是想拍出氣泡感的時候請嘗試黑色或灰色等較深的背景。

　　此外，從各式各樣的角度去拍也可能拍出意想不到的魅力照片。其他還有近拍冰淇淋蘇打的一部分和甜點耀眼的部分，或是用手拿著拍也是箇中技巧。冰淇淋蘇打的冰淇淋融化的瞬間也是很棒的場面。

　　最近使用智慧型手機的相機也能拍出很美的照片，這種場合推薦使用人像模式來拍攝。

Chapter *5*

水果

Fruits

整顆桃子的冰淇淋蘇打

Whole peach

女神在烏托邦孕育的神祕果實。

將桃子和香草一起醃漬，

彷彿就要在它魅惑的風味之中融化。

材料（1杯的量）

桃子	1/2顆
桃子糖漿	50mℓ
氣泡水	150mℓ
冰塊	適量
香草冰淇淋	適量
薄荷	適量

製作方法

1 將桃子切成一口大小。

2 將桃子糖漿和氣泡水倒進量杯，輕輕攪拌混合。

3 將 *1* 的桃子和冰塊均衡地放進玻璃杯。

4 緩緩地倒入 *2* 的氣泡水。

5 擺上香草冰淇淋，用薄荷裝飾點綴。

桃子糖漿

材料（容易製作的分量）

桃子		1顆
A	水	切開後桃子的一半
	砂糖	切開後桃子的同等量
檸檬（圓片）		½顆的量
迷迭香		適量

桃子糖漿完成以後，冷藏可以保
存一星期左右。

製作方法

1 將桃子切成一口大小，接著放進煮沸消毒後的耐熱密閉容器。

2 將A放進小鍋子，開中火，慢慢地攪拌混合，直到煮沸。接著轉極小火，邊攪拌混合邊熬煮到砂糖完全溶化、呈現透明感後關火。

3 待餘熱散去後，將 *2* 的砂糖水倒進 *1*。

4 放入檸檬和迷迭香。

5 放進冰箱冷藏一星期，並且不時拿出來搖晃、使其混合。

桃子糖漿裡的果肉直接吃也很美味，還可以在草莓優格卡薩塔（P.74）食譜的應用中代替草莓使用，也是一種享受。

果汁滿滿的
葡萄柚沙瓦

Fresh grapefruit

在遙遠世界的海洋上，
漂浮著葡萄柚的島嶼。
那裡或許會有一邊吃著果實、
一邊踏上旅程的小矮人呢。

材料（1杯的量）

葡萄柚 ····························· ½顆
燒酎 ································· 50㎖
氣泡水 ··························· 150㎖
蜂蜜漬葡萄柚 ···················· 適量
冰塊 ································· 適量
迷迭香 ······························ 適量

製作方法

1 榨出葡萄柚汁。

2 將*1*、燒酎、氣泡水倒進量杯，輕輕攪拌混合。

3 將蜂蜜漬葡萄柚和冰塊均衡地放進玻璃杯。

4 緩緩地倒入*2*的氣泡水。

5 用迷迭香裝飾點綴。

蜂蜜漬葡萄柚

材料（容易製作的分量）

葡萄柚 ····························· 1顆
蜂蜜 ·······························
　葡萄柚果肉的同等量
迷迭香 ······························ 適量

製作方法

1 除去葡萄柚的薄皮，取出果肉。

2 將*1*的果肉、蜂蜜、迷迭香放進煮沸消毒後的耐熱密閉容器，然後放進冰箱冷藏半天左右。

蜂蜜漬葡萄柚冷藏可以保存
一星期左右。

Memo

蜂蜜漬葡萄柚裡的蜂蜜液兌氣泡水
來飲用也是種享受。如果喜歡帶甜味
的酒，也可以加入食譜裡面。

你知道有永遠都是黃昏的街道嗎？

在那個地方，一定是吹拂著

宛如熟透香蕉的金色微風吧。

完熟香蕉的冰淇淋蘇打

Ripe banana

材料（1杯的量）

完熟香蕉糖漿 ············· 50㎖
氣泡水 ····················· 150㎖
冰塊 ·························· 適量
香草冰淇淋 ················· 適量
薄荷 ·························· 適量

製作方法

1 將完熟香蕉糖漿和氣泡水倒進量杯，輕輕攪拌混合。

2 將冰塊放進玻璃杯。

3 緩緩地倒入 *1* 的氣泡水。

4 擺上香草冰淇淋和1片完熟香蕉糖漿中的果肉（分量外），用薄荷裝飾點綴。

完熟香蕉糖漿

材料（容易製作的分量）

A｜水 ·························· 50㎖
　｜砂糖 ························ 50g
　｜楓糖 ························ 50g

香蕉（完熟）············· 100g
肉桂棒 ······················ 適量
陳皮 ························· 2小匙

製作方法

1 將A放進小鍋子，開中火，慢慢地攪拌混合，直到煮沸。接著轉極小火，邊攪拌混合邊熬煮到砂糖完全溶化、呈現透明感後關火。

2 將香蕉切成一口大小，接著放進煮沸消毒後的耐熱密閉容器。

3 待餘熱散去後，將 *1* 的砂糖水倒進 *2*。

4 放入肉桂、陳皮，最後放進冰箱冷藏一星期左右。

上／完熟香蕉糖漿完成以後，冷藏可以保存一星期左右。
下／陳皮就是乾燥後的橘子皮。可以在網路商店等處買到。

在甜美又寒冷的雪原上，草莓做了個夢。
夢境中肯定是降下了一場開心果的雪。

草莓優格卡薩塔

Strawberry yogurt cassata

材料（16×7×高6cm的磅蛋糕模型1個的量）

原味優格	400g

A	細砂糖	80g
	蜂蜜	20g
	檸檬汁	2小匙

草莓	適量
開心果	適量

製作方法

1 在調理碗中放上鋪了廚房紙巾的篩
網，接著倒入優格。

2 包上保鮮膜，放進冰箱冷藏靜置一
個晚上以去除水分，讓量變成一半
左右。

3 將A加入*2*的水切優格，攪拌混合，
接著倒進模具。

4 將草莓切成一口大小，接著均衡地
放進*3*的裡面。

5 放進冷凍庫半天左右，使其冷卻凝
固。

6 切成喜歡的厚度後盛盤，最後擺上
切成一口大小的草莓和壓碎的開心
果。

在甜美的蜂蜜河流過
的蘋果山上，
終年堆積著奶油起司的白雪。

烤蘋果佐奶油起司

Baked apple with whipped cheese

材料（1～2人份）

蘋果		1顆
奶油		30g

A	蜂蜜	20g
	肉桂粉	少許

B	生奶油	150mℓ
	奶油起司（恢復至常溫）	50g

C	薄荷	適量
	核桃（烘烤後壓碎）	適量
	黑胡椒	適量
	蜂蜜	適量

製作方法

將蘋果在帶皮狀態下清洗乾淨，接著挖掉果核。

將奶油放進耐熱容器，接著放進微波爐加熱20～30秒，使其融解，然後加入A，攪拌混合。

將蘋果切成4等分的圓片，接著擺到烤盤上，然後用2確實塗滿蘋果片的兩面。

放進預熱200°C的烤箱烘烤20分鐘左右。觀察烘烤的狀況，如果變軟且出現焦色就取出來。

將B放進調理碗，用攪拌器打發到8分發。

將4的蘋果擺到器皿上，接著用湯匙將5塑型後擺上去，最後依序用C的材料裝飾點綴。

Chapter *6*

特別的日子

Special day

紅白的冰淇淋蘇打

Red & white

1月1日是與新的一年相遇的日子。

雖然在華美的相會之前，一定都有別離在等待我們，

但即便如此，人們還是會締結新的相遇呢。

材料（1杯的量）

〈白色蘇打〉
可爾必思（原液）⋯⋯⋯⋯ 20mℓ
氣泡水 ⋯⋯⋯⋯⋯⋯⋯ 30mℓ

〈紅色蘇打〉
紅石榴糖漿 ⋯⋯⋯⋯⋯ 30mℓ
氣泡水 ⋯⋯⋯⋯⋯⋯⋯ 120mℓ

冰塊 ⋯⋯⋯⋯⋯⋯⋯⋯ 適量
香草冰淇淋 ⋯⋯⋯⋯⋯ 適量
鮮奶油 ⋯⋯⋯⋯⋯⋯⋯ 適量
草莓 ⋯⋯⋯⋯⋯⋯⋯⋯ 1個
薄荷 ⋯⋯⋯⋯⋯⋯⋯⋯ 適量

製作方法

1 將白色蘇打、紅色蘇打的材料倒進不同的量杯，輕輕攪拌混合。

2 將白色蘇打倒進玻璃杯，接著輕輕地放入冰塊。

3 緩緩地倒入紅色蘇打。

4 擺上香草冰淇淋，接著擠上鮮奶油，最後用草莓和薄荷裝飾點綴。

圓就是緣。
希望與甜美的巧克力一同漂浮的緣分
能夠一直持續下去。

2月14日的
橙片巧克力風
冰淇淋蘇打

Valentine's Day

材料（1杯的量）

白巧克力	適量
金柑（薄片）	適量
金柑糖漿	50mℓ
氣泡水	150mℓ
冰塊	適量
巧克力冰淇淋	適量

製作方法

1 將白巧克力隔水加熱，使其融化，接著將1片金柑片的半邊沾附白巧克力醬，等待凝固。

2 將過濾的金柑糖漿和氣泡水倒進量杯，輕輕攪拌混合。

3 將冰塊和適量的金柑糖漿中的金柑片（分量外）均衡地放進玻璃杯。

4 緩緩地倒入2的氣泡水。

5 擺上巧克力冰淇淋，用1的金柑片裝飾點綴。

放入金柑片時使用鑷子會更加方便。

金柑糖漿

材料（容易製作的分量）

金柑	6～7顆
A 水	金柑的一半
砂糖	金柑的同等量
肉桂棒	1支

製作方法

1 將金柑用水仔細地清洗乾淨，接著切薄片、挑出種子。

2 將1和A放進小鍋子，開中火，慢慢地攪拌混合，直到煮沸。接著轉極小火，邊攪拌混合邊熬煮15～20分鐘，直到出現黏稠感和光澤。

3 待餘熱散去後，將2放進煮沸消毒後的耐熱密閉容器，在陰涼處靜置1晚。

金柑糖漿冷藏可以保存一星期左右。

萬聖節的冰淇淋蘇打

Halloween

今晚是萬聖夜。

變裝一下，再一手拿著玻璃杯，於月光下起舞吧。

話說回來，你是哪位呢？

材料（1杯的量）

〈橙色蘇打〉
黃色糖漿
　　…… 17.5mℓ（3又½小匙）
紅色糖漿
　　…… 2.5mℓ（½小匙）
氣泡水 …………………… 30mℓ

〈紫色蘇打〉
藍色糖漿 ………………… 5mℓ
紅色糖漿 ………………… 15mℓ
氣泡水 …………………… 130mℓ

冰塊 ……………………… 適量
香草冰淇淋 ……………… 適量
糖漬櫻桃（綠）………… 1顆
薄荷 ……………………… 適量

製作方法

1 將橙色蘇打、紫色蘇打的材料倒進不同的量杯，輕輕攪拌混合。

2 將橙色蘇打倒進玻璃杯，接著輕輕地放入冰塊。

3 緩緩地倒入⅓左右分量的紫色蘇打，接著拿起玻璃杯，以像是畫圓的動作輕輕地旋轉，製作漸層效果。

4 倒入剩下的紫色蘇打，請注意得緩緩地倒入、不要和下方的氣泡水混合。

5 擺上香草冰淇淋，用糖漬櫻桃和薄荷裝飾點綴。

製作漸層色時，請讓手腕有節奏地輕輕搖晃。

大人的無線杏仁豆腐

Addictive almond jelly

雖然幸福是無法分享的，
不過一起度過的時光就能分享給重要的人，
讓稀鬆平常的一天變成特別的日子。

材料
(直徑15cm、無底類型的圓形模具1個的量)

A	水	100mℓ
	砂糖	40g

寒天粉 ⋯⋯⋯⋯⋯⋯⋯⋯⋯⋯⋯⋯⋯⋯⋯ 3g
牛奶（恢復至常溫）⋯⋯⋯⋯⋯⋯ 200mℓ
阿瑪雷托 ⋯⋯⋯⋯⋯⋯⋯⋯⋯⋯⋯⋯ 50mℓ
鮮奶油 ⋯⋯⋯⋯⋯⋯⋯⋯⋯⋯⋯⋯⋯ 適量
櫻桃 ⋯⋯⋯⋯⋯⋯⋯⋯⋯⋯⋯⋯⋯⋯ 6顆

製作方法

1 將A放進小鍋子，開中火，慢慢地攪拌混合，直到煮沸。

2 轉極小火，放入寒天粉後繼續攪拌混合、熬煮1～2分鐘，直到呈現透明感後關火。

3 加入牛奶和阿瑪雷托，攪拌混合，接著倒進模具。待餘熱散去後，放進冰箱冷藏2小時左右，使其冷卻凝固。

4 用竹籤等器具在周圍劃過一圈、從模具中取出，接著於6個地方擠上鮮奶油，最後在鮮奶油上面用櫻桃裝飾點綴。

特別日子的
蒙布朗芭非

Special mont blanc parfait

獻給度過沒有終點的
漫漫長夜的你。
只要稍稍閉上眼睛，
就能進入甜美的夢境。

材料（1人份）

卡斯特拉 ································ 1～2片
栗子泥 ·································· 適量
栗子甘露煮 ·························· 5～6顆
咖啡（濃）···························· 15㎖
餅乾 ···································· 1片
鮮奶油 ································· 適量
杏仁角 ································· 適量
薄荷 ···································· 適量
糖粉 ···································· 適量

製作方法

1 將卡斯特拉切成一口大小，
一半的量放進玻璃杯。

2 倒入栗子泥，直到看不到卡
斯特拉。

3 擺上2～3顆栗子甘露煮和剩
下的卡斯特拉，接著再倒入
栗子泥，直到表面變平整。

4 以繞圈的形式將咖啡淋在卡
斯特拉上。

5 壓碎餅乾後撒上，接著中央再
擺上2～3顆栗子甘露煮，然後
像是要掩蓋栗子那樣擠上鮮
奶油。

6 撒上杏仁角，接著用栗子甘
露煮和薄荷裝飾點綴，最後
撒上糖粉。

栗子泥

材料（2人份）

栗子甘露煮 ························· 100g
生奶油 ······························ 100㎖
砂糖 ·································· 15g

製作方法

1 將栗子甘露煮放進耐熱容器，
接著寬鬆地包上保鮮膜，然
後放進微波爐加熱2分鐘左右。

2 將 *1*、生奶油50㎖、砂糖放
進食物調理機，攪拌混合到
呈現蓬鬆狀。

3 用篩網過濾。

4 將生奶油50㎖用攪拌器打發
到8分發，接著一點一點地
加入 *3*，攪拌混合。

上／步驟*3*將栗子泥抹到平整，後續
的裝飾點綴就會變得更容易。
下／要讓下方的卡斯特拉也沾附咖
啡，所以請繞圈從縫隙處倒入。

使用可麗露模具
製作的3種甜點

Cannelé shaped three desserts

甜美的香氣是幻想、誘惑、半夢半醒的。
即使是同樣的形狀，
不過你是你，我還是我。
來吧，今天要選擇哪一種呢？

蘭姆酒香可麗露

Rum cannelé

被蘭姆酒的香氣所誘惑，
將酥脆的口感送入嘴裡，
甜美的幻想也隨之擴散開來。

材料（直徑4.5×高4.5cm的矽膠製可麗露模具9個的量）

A｜ 牛奶 ……………………………… 245ml
　　黍砂糖 …………………………… 35g
　　細砂糖 …………………………… 85g

香草籽醬 ………………………… 1.5g
　（使用數滴香草精也是可以的）

B｜ 低筋麵粉 ………………………… 20g
　　高筋麵粉 ………………………… 40g

奶油 ……………………………… 15g

C｜ 全蛋 ………… ½顆的量
　　蛋黃 ………………… 1個

蘭姆酒 …………………… 10ml

製作方法

將A放進小鍋子，開小火，一邊加熱、一邊攪拌混合。等到砂糖完全溶化後關火，加入香草籽醬，待餘熱散去。

將B的兩種粉一起過篩到調理碗。

將 *1* 分2～3次加入 *2* 的調理碗，每次都用橡膠刮刀輕輕攪拌混合，不要打出泡泡（出現結塊是沒問題的）。

將奶油放進平底鍋，開小火，接著輕輕地搖晃，加熱到變成茶色，然後待餘熱散去。

將C打入另一個調理碗，攪拌混合，接著加入 *4*、蘭姆酒，用橡膠刮刀輕輕攪拌混合，不要打出泡泡。

將 *5* 加入 *3*，接著輕輕攪拌混合，然後放進冰箱冷藏8個小時以上。

用刷子在矽膠製可麗露模具的內側塗抹融化的奶油（分量外）。

過濾 *6* 的麵糊。

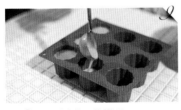

將 *6* 均等地倒進 *7* 的模具。

放到烤盤上，接著放進預熱到240°C的烤箱，先用230°C烘烤5分鐘，再轉為210°C烘烤30分鐘。

透明可麗露果凍

Cannelé shaped clear jelly

紅色果實的寶石
是通往甘甜漫長夜晚的邀請函。
我們都被甘美的誘惑給擄獲了。

材料
（直徑4.5×高4.5cm的矽膠製
　可麗露模具6～8個的量）

A｜砂糖 ———————————— 25g
　｜寒天粉 ——————————— 2g
　｜水 ——————————————— 300㎖

草莓 —————————— 喜歡的量即可

製作方法

1　將A放進小鍋子，開中火，慢慢地
　　攪拌混合，直到煮沸。

2　轉極小火，邊攪拌混合邊熬煮1～
　　2分鐘，直到呈現透明感後關火。

3　均等地倒進矽膠製的可麗露模
　　具。

4　將草莓切成喜歡的形狀，接著放
　　入3的果凍，然後放進冰箱冷藏
　　2小時左右，使其冷卻凝固。

微苦的焦糖與甜甜的布丁

就宛如現實與夢境。

你想輕輕用湯匙挖起的，會是哪一邊呢？

咖啡廳的可麗露布丁

Cannelé shaped cafe pudding

材料（直徑4.5×高4.5cm的
矽膠製可麗露模具4個的量）

〈焦糖〉

細砂糖 ⋯⋯⋯⋯⋯⋯⋯⋯ 25g

水 ⋯⋯⋯⋯⋯⋯ 20ml（4小匙）

〈布丁液〉

A | 全蛋 ⋯⋯⋯⋯⋯⋯ ½顆的量
　| 蛋黃 ⋯⋯⋯⋯⋯⋯⋯⋯ 1個

細砂糖 ⋯⋯⋯⋯⋯⋯⋯⋯ 25g

B | 牛奶 ⋯⋯⋯⋯⋯⋯ 125ml
　| 香草籽醬 ⋯⋯⋯⋯⋯ ¼小匙
　　（使用數滴香草精也可以）

製作方法

1 將砂糖、1小匙的水放進平底鍋，一
邊攪拌混合、一邊加熱到變成焦糖
色。

2 關火，待餘熱散去後，將剩餘3小
匙的水加入，攪拌混合，接著均等
地倒進矽膠製的可麗露模具。

3 將A打入調理碗，攪拌混合，接著
放入12.5g的細砂糖，確實攪拌
混合。

4 將剩餘的12.5g細砂糖和B放進
小鍋子，開小火，一邊攪拌混合、
一邊加熱，但不要煮到沸騰。確
實溶解之後就關火。

5 將*4*一點一點地加入*3*的調理
碗，每次都攪拌混合。接著過濾，
然後均等地倒進矽膠製的可麗露
模具。

6 在比較深的調理盤中鋪上烘焙紙，
接著把模具擺上去，然後在調理盤
中倒入比皮膚溫度再熱一點的熱水
（分量外），倒到約2cm的高度。

7 放進預熱160°C的烤箱蒸烤30分
鐘。待餘熱散去後，放進冰箱冷
藏，使其冷卻。

漂
浮
茶
飲

漂浮煎茶

材料（1杯的量）

水 ································ 200ml
煎茶 ······························· 6g
冰塊 ····························· 適量

A｜氣泡水 ················· 120ml
　｜果糖球的糖液 ···· 2小匙
　｜檸檬汁 ·················· 1小匙

香草冰淇淋 ·················· 適量
櫻桃 ····························· 1顆
檸檬（半月形） ············· 1片

製作方法

1 將水煮沸後，冷卻到50°C
左右，接著放入煎茶，放進
冰箱冷藏一個晚上。

2 將80ml的1倒進玻璃杯，
接著輕輕地放入冰塊。

3 將A倒進量杯，輕輕攪拌
混合。

4 將3緩緩地倒進2的玻
璃杯。

5 擺上香草冰淇淋，用櫻桃
和檸檬裝飾點綴。

樹莓漂浮茶飲

材料（1杯的量）

水 ························ 200ml

A｜樹莓茶包············· 1包
　｜果糖球的糖液
　｜ ···················· 2 小匙

冰塊 ·························· 適量
香草冰淇淋 ··············· 適量
薄荷 ·························· 適量

製作方法

1 將水煮沸後，放入A，接著
悶蒸5分鐘左右，然後取出
茶包，待其冷卻。

2 將冰塊放進玻璃杯。

3 將1緩緩地倒入。

4 擺上香草冰淇淋，用薄荷
裝飾點綴。

　有時會聽到雖然想喝冰淇淋蘇打，卻不喜歡碳酸口感的感想。爲了讓這樣的朋友也能享受美味，因此在這裡介紹漂浮冰淇淋飲品的食譜。

　除了綠茶和樹莓茶以外，也可使用紅茶、香草茶、中國茶等，茶飲還是具有無限大的可能性呢。漂浮茶飲和雪酪等控制甜度的冰品也很相襯。請大家務必也要嘗試挑戰看看原創的組合喔。

旅する喫茶
TABI SURU KISSA

後記

Epilogue

2021年3月，作為我夢想的第一步的
「旅する喫茶」這個旅行據點創立了。
這是從空無一物的狀態開始就對牆壁和內裝有所講究，
甚至連桌子、椅子、小配件等都是一項項集結起來、打造而成的店鋪。
雖然也有很辛苦的地方，但是拜顧客、工作人員、
以及相關人士等許許多多的人們所賜，
我們得以在一邊學習、一邊感受新的可能性的情況下度過每個營運日。

雖然作為冰淇淋蘇打職人活動，
可是我的目標並不僅放在冰淇淋蘇打而已，
而是希望能提供可以讓大家感受到幸福的空間與時間。
小時候，我在祖父母帶我去的咖啡廳
所喝到的冰淇淋蘇打，那段記憶
直到現今都依然留存在我的心中。
就像這樣，我希望自己能幫助各位創造出很棒的回憶。

如果這本書也能對大家於幸福的空間度過幸福的時光
有所幫助的話，在下會深感榮幸的。

tsunekawa

店鋪情報

旅する喫茶

地址：東京都杉並区高円寺南4-25-13 2F
營業時間：12:00 - 20:00(最後點餐時間19:30)
　　　　　　夜喫茶日增加20:00 – 24:00 的時段
公休日：星期一
HP：https://tabisurukissa.com/

※本店於星期六、星期日、國定假日採網路預約制，於當天早上10:00開始預約。
　詳細資訊請參照官方網站或Twitter。

獻給餐飲店的飲料特調課程：
搭配料理與甜點的軟性飲料調製基礎與應用

定價 450 元　18.2 x 25.7 cm　128 頁　彩色

從經典款到變化型
追求飲品調製的嶄新可能性
從風味、外觀、搭配的靈活性都一應具全
洋溢視覺、嗅覺、味覺等多層次的魅力
無論是什麼樣的場合，都能找到為情境增色的飲料品項

日本飲料專業職人團體「香飲家」成員將多年經驗與研究成果，集結出最適合用於店鋪餐點的「82」道嚴選飲料食譜。
從製作時必備的基礎知識淺顯易懂地理解食物搭配學的思維，為各式各樣的店家提供因應不同需求的多樣化飲品製作指南。

超上鏡！
繽紛炫彩涼夏凍飲

定價 550 元　18.2 x 25.7 cm　208 頁　彩色

**刷 IG 看到好多網紅美食不僅好吃還上相
如何在百花齊放的多媒體中，讓你的飲料頻繁出鏡
隨時隨地都能打卡炫耀！**

「飲料」在台灣已經是每日不可或缺的小確幸，在手搖店、咖啡店四處林立的情況下，想要打入這個早就飽和的市場需要獨特的菜單以及設計。如何在使用外帶杯的情況下還能做出好看又好喝的飲料，走到大街上、滑開IG，讓別人看著你手上的飲料羨慕不已！

#29 間日本時尚飲料店食譜大公開
＃上鏡、清涼，給你一個夢幻夏日！
＃現成開店食譜，不用再想破腦袋了！
＃餐廳飯後甜點飲品也適用喔！

瑞昇文化
http://www.rising-books.com.tw
＊書籍定價以書本封底條碼為準＊
購書優惠服務請洽：
TEL｜02-29453191
Email｜deepblue@rising-books.com.tw

盛夏奇幻礦物甜點

定價 380 元　19 x 25.7 cm　112 頁　彩色

閃亮亮的奇幻色彩
散發出不可思議的奇妙光輝
左一口磷葉石、右一口藍銅礦、搭配一片星型白雲母
再重現精緻美味的行星冰淇淋！

★從基本道具、材料的準備到細節製作的詳細圖文解說。即便是料理新手也能輕鬆揮灑魔法。

★不論是理科礦物派對、奇幻系作品 COSPLAY 活動、主題餐廳特色菜單、還是作為節慶與生日的禮品，就端出「礦物甜點」來為現場增添更多的吸引力及樂趣吧！

別疑惑！秉持著長久以來對礦物投注的熱情，從中衍生出奇想企劃，讓喜愛礦物成癮的佐藤佳代子，配合在礦物以及甜點製作等領域都有所專精的洋菓子店家，為各位精心打造出最適合夏日時光的『盛夏奇妙礦物甜點』！

瘋手搖！
開店 90 款茶飲特調技術

定價 420 元　20.7 x 28cm　152 頁　彩色

台灣手搖茶飲實力‧有目共睹！
平價精品茶飲的沖泡、調和、變化
引領你進入瘋狂又迷人的手搖茶飲世界！

近年手搖飲已經攻占國人的生活日常，不論是咖啡或飲料，平均一周會喝
兩到三次，全台飲料店也早已超過兩萬間，而想要從這片手搖茶飲的紅海
中脫穎而出，又該怎麼辦呢！？
多達九十種特色茶飲！
開店創業不可不讀！
創新吸睛衝破口碑的靈感之書！

瑞昇文化
http://www.rising-books.com.tw
＊書籍定價以書本封底條碼為準＊
購書優惠服務請洽：
TEL ｜ 02-29453191
Email ｜ deepblue@rising-books.com.tw

TITLE

天藍色的咖啡廳 Recipe

STAFF

出版	瑞昇文化事業股份有限公司
作者	tsunekawa
譯者	徐承義

創辦人／董事長	駱東墻
CEO／行銷	陳冠偉
總編輯	郭湘齡
文字編輯	張聿雯　徐承義
美術編輯	謝彥如
國際版權	駱念德　張聿雯

排版	謝彥如
製版	明宏彩色照相製版有限公司
印刷	桂林彩色印刷股份有限公司

法律顧問	立勤國際法律事務所　黃沛聲律師
戶名	瑞昇文化事業股份有限公司
劃撥帳號	19598343
地址	新北市中和區景平路464巷2弄1-4號
電話	(02)2945-3191
傳真	(02)2945-3190
網址	www.rising-books.com.tw
Mail	deepblue@rising-books.com.tw

初版日期	2023年7月
定價	380元

國家圖書館出版品預行編目資料

天藍色的咖啡廳Recipe / tsunekawa著
; 徐承義譯. -- 初版. -- 新北市：瑞昇文
化事業股份有限公司, 2023.07
　112面；　14.8x21公分
ISBN 978-986-401-639-6(平裝)

1.CST: 飲料 2.CST: 點心食譜

427.4　　　　　　112008035

SORAIRO NO KISSATEN RECIPE
Copyright © tsunekawa 2021
Chinese translation rights in complex characters arranged with WANI BOOKS CO., LTD.
through Japan UNI Agency, Inc., Tokyo